ABHANDLUNGEN DER DEUTSCHEN AKADEMIE
DER WISSENSCHAFTEN ZU BERLIN

Klasse für Mathematik, Physik und Technik
Jahrgang 1961 Nr. 4

GEORG KUSE

BEITRAG ZUR BERECHNUNG UND MESSUNG KRITISCHER KOPPLUNGSZAHLEN VON TURBOMASCHINEN

Mitteilungen der Sektion für Maschinenbau

Mit 5 Abbildungen und 2 Tabellen

AKADEMIE-VERLAG · BERLIN
1961

Vorgelegt von Hrn. Faltin in der Klassensitzung vom 24. November 1960
Zum Druck genehmigt am gleichen Tage, ausgegeben am 15. Juli 1961

Erschienen im Akademie-Verlag GmbH, Berlin W 8, Leipziger Straße 3—4

Lizenznummer: 202 · 100/528/61
Gesamtherstellung: VEB Druckerei „Thomas Müntzer" Bad Langensalza
Bestellnummer: 2001/61/I/4
Preis: DM 4,10
Printed in Germany
ES 20 H 3

INHALTSVERZEICHNIS

1. Die Probleme bei der Berechnung kritischer Kopplungszahlen

Eine der wichtigsten Aufgaben beim Bau von Turbomaschinen ist die möglichst genaue Vorausberechnung der kritischen Einzeldrehzahlen und ganz besonders die der kritischen Kopplungszahlen, um für den späteren Betrieb sicher zu sein, daß keine Resonanz der Betriebsdrehzahl mit einer kritischen Schwingzahl vorhanden ist. Die bisher bekannten und auch immer noch angewendeten Berechnungsverfahren liefern für kleinere und mittlere Turboaggregate ausreichend genaue Ergebnisse. Sobald jedoch beim Übergang zu großen Aggregaten die Lagerentfernungen der einzelnen Läufer größer werden und damit die kritischen Drehzahlen verhältnismäßig tief liegen, sofern es sich nicht gerade um Trommelausführungen handelt, reicht die bisherige Art der Berechnung nicht mehr aus, da auch die sonst wenig beachteten Einflüsse von Kopplungsfeldern, kleineren Massen wie Erregermaschinen und Regelungsteilen, sowie die Einflüsse der Lagerung und auch des Fundamentes, berücksichtigt werden müssen.

Modellversuche zur Bestätigung der Berechnung bzw. zur Bestimmung der kritischen Kopplungszahlen haben wegen der vielen Annahmen, die gemacht werden müssen, und wegen des meist großen Aufwandes wenig Zweck. Auch Teilversuche an Modellen, z. B. für die Bestimmung der Nachgiebigkeit der Lagerung, liefern nur bedingt genaue Werte, sie geben jedoch der Berechnung einige Hinweise, so daß die Ergebnisse der später am fertigen Stück durchzuführenden, endgültigen Messungen nur noch Korrekturen in vertretbaren Grenzen notwendig machen. Rechnung und Messung müssen sich bei derartigen Anlagen ergänzen und bereits bei der ersten Anlage so aufeinander abgestimmt werden, daß bei den folgenden Anlagen eine vollkommene Übereinstimmung erzielt wird.

Über die Berechnung und Messung von kritischen Drehzahlen soll nachstehend eine kurze Betrachtung angestellt werden, wobei jedoch darauf verzichtet wird, die aus der Literatur bekannten Berechnungsverfahren nochmals abzuleiten. Es werden die Verfahren und die damit errechneten Ergebnisse gegenübergestellt.

2. Verfahren zur Berechnung der kritischen Einzeldrehzahlen

Vor dem Eingehen auf die Probleme bei der Berechnung der kritischen Kopplungszahlen erscheint es zweckmäßig, kurz auf die unmittelbar damit im Zusammenhang stehenden Berechnungsverfahren der kritischen Einzeldrehzahlen einzugehen.

2.1. RECHNERISCHE ERMITTLUNG

Die kritischen Einzeldrehzahlen werden analytisch oder grafisch ermittelt. Beide Verfahren sind nach wie vor üblich.

2.1.1. *ANALYTISCHE ERMITTLUNG*

Bereits 1909 gab FÖPPL die analytische Berechnung kritischer Drehzahlen an. Auch DUNKERLEY und KULL [1] gingen von den gleichen Überlegungen aus. Sie ermittelten unter jeder Last die Durchbiegung, addierten die Kehrwerte und errechneten aus

$$n_k = 300 \sqrt{\frac{1}{f}} \text{ U/min}$$

die kritische Eigenschwingzahl.

Bei dem Verfahren von DUNKERLEY werden die einzelnen Werte für die Durchbiegung analytisch ermittelt, wobei auch unterschiedliche Wellendurchmesser berücksichtigt werden können. Der Rechenaufwand steigt dabei jedoch erheblich an, insbesondere dann, wenn, wie es bei Dampfturbinen der Fall ist, noch der durch die höheren Temperaturen bedingte Abfall des Elastizitätsmoduls berücksichtigt werden muß. Nach dem Verfahren von DUNKERLEY liegen die rechnerischen Ergebnisse etwa 3 bis 4% niedriger, als die Meßergebnisse. Es ist jedoch schnell durchführbar, was besonders für erste Überschlagsrechnungen von Vorteil ist.

Das Verfahren von KULL ist genauer, es setzt jedoch die Ermittlung der einzelnen Werte für die Durchbiegung aus dem grafischen Verfahren nach MOHR voraus (Bestimmung der elastischen Linie), was einen größeren Zeitaufwand erfordert. Zur Vereinfachung des gesamten Rechenvorganges, insbesondere für eine schnelle Übersicht, hat MLUDEK [2] eine nomografische Methode für die Berechnung der kritischen Einzeldrehzahlen entwickelt.

2.1.2. *GRAFISCHE ERMITTLUNG*

Das durch STODOLA [1] eingeführte grafische Verfahren zur Berechnung der kritischen Einzeldrehzahlen geht von einer angenommenen Biegelinie aus. In bekannter Weise wird nach MOHR die Momentenfläche und die Biegelinie mit Hilfe der Seilecke konstruiert. Bei Abweichungen der ermittelten Biegelinie von der angenommenen muß das Verfahren durch entsprechende Korrektur der angenommenen Biegelinie wiederholt werden. Das Verfahren konvergiert sehr schnell und gibt verhältnismäßig genaue Werte, wobei die Einflüsse durch die unterschiedlichen Durchmesser der Welle und durch die Temperatur ohne besonderen zusätzlichen Rechenaufwand berücksichtigt werden können. Das Verfahren ist sehr übersichtlich und ohne Einschränkung anwendbar.

2.2. MESSTECHNISCHE ERMITTLUNG

Der Konstrukteur wird naturgemäß bestrebt sein, die Richtigkeit seiner Rechenergebnisse durch Messungen zu überprüfen. Die einfachste Art des Messens der kritischen Eigenschwingzahl einer mit Gewichten belasteten Welle erfolgt durch Anschlagen. Die Frequenz, mit der die Welle nach dem Anschlagen schwingt, entspricht der Eigenschwingzahl, die mit jedem Frequenzmeßgerät gemessen werden kann. Das Gerät muß jedoch wegen des schnellen Abklingens der Schwingung verhältnismäßig empfindlich sein.

Das Erregen der Welle kann auch durch eine rotierende Unwucht erfolgen, die auf die zu prüfende Welle aufgesetzt wird. Die durch Motor angetriebene Unwuchtscheibe gerät beim Hochfahren mit der Eigenschwingzahl der Welle in Resonanz. Die Resonanzdrehzahl ist damit durch die Motordrehzahl bekannt.

Die Messungen im Ruhezustand der Wellen können Abweichungen zu den gerechneten Werten von etwa 5 bis 10% ergeben, also wesentlich mehr, als der Rechengenauigkeit entspricht, wobei das Einhalten der genauen Lagerentfernung Voraussetzung ist. Meist sind die Wellen auf Böcken gelagert, so daß andere Reibungsverhältnisse an den Lagerstellen als später im Betrieb vorhanden sind. Wenn einigermaßen genau gemessen werden soll, dann empfiehlt es sich, die Welle in ihren eigenen Lagern zu untersuchen, wobei die Laufflächen mit Öl benetzt sein müssen. Abweichungen zwischen Rechnung und Messung können auch noch dadurch entstehen, daß in der Rechnung ein gegebenenfalls durch das Aufschrumpfen von Radscheiben vorhandener versteifender Einfluß nicht berücksichtigt wurde. Der rechnerisch berücksichtigte Einfluß der Kreiselwirkung der Radscheiben entfällt bei der Messung im Ruhezustand ebenfalls. Bei dem Vergleich der gerechneten und gemessenen Werte ist weiterhin darauf zu achten, daß sich auch Unterschiede durch die Temperaturverhältnisse einstellen. Bei den Messungen herrscht Raumtemperatur, während der Berechnung die wesentlich höher liegende Betriebstemperatur zugrunde gelegt wurde.

Die verhältnismäßig einfach erscheinenden Messungen von Eigenschwingzahlen zweifach gelagerter Wellen wurde bewußt etwas breiter behandelt, um die Einflüsse aufzuzeigen, die Differenzen zwischen Rechnung und Messung hervorrufen. Derartige Messungen haben infolgedessen nur einen bedingten Wert.

Über das Messen der kritischen Drehzahlen bei umlaufenden Wellen, bei dem alle die Lage der kritischen Drehzahl verändernden Einflüsse zwangläufig berücksichtigt werden, wird im Zusammenhang mit dem Messen der Kopplungszahlen gesprochen.

3. Verfahren zur Berechnung kritischer Kopplungszahlen

Die kritischen Einzeldrehzahlen sind für den späteren Betrieb jedoch nur dann von Interesse, wenn die umlaufenden Teile biegeelastisch miteinander verbunden sind. Meist sind sie jedoch starr verbunden, so daß sich kritische Kopplungszahlen ergeben, die z. T. recht unterschiedlich zu den Eigenschwingzahlen der einzelnen Wellen sind. Da diese Zahlen jedoch mindestens 10 bis 15% von der Betriebsdrehzahl entfernt liegen müssen, kommt ihrer möglichst genauen Berechnung eine große Bedeutung zu. Es gibt dafür zwei Verfahren, auf die nachstehend näher eingegangen werden soll.

3.1. DAS RECHNERISCHE VERFAHREN NACH SCHWERIN

3.1.1. BESCHREIBUNG DES VERFAHRENS

Ausgehend von der Dreimomentengleichung von CLAPEYRON hatte SCHWERIN ein rechnerisches Verfahren zur Ermittlung der kritischen Kopplungszahlen entwickelt [3]. Danach können Wellen mit drei und mehr Lagern und zwei und mehr Feldern mit je einer Masse berechnet werden. Entsprechend der Anzahl der Massen ist auch die Anzahl der sich ergebenden Kopplungszahlen, d. h. also, daß eine Anordnung nach Abb. 1.1 eine quadratische Schlußgleichung mit zwei Wurzelwerten entsprechend zwei Kopplungszahlen ergibt und eine Anordnung nach Abb. 1.2 eine kubische Gleichung mit drei Wurzelwerten entsprechend drei Kopplungszahlen.

Für die Rechnung der kritischen Kopplungszahlen nach SCHWERIN muß für jedes Feld mit Masse die kritische Eigenschwingzahl bekannt sein, da sie als Grundlage für die Berechnung des mittleren Trägheitsmomentes dient. Die normalerweise über die Welle mehr oder weniger gleichmäßig verteilt sitzenden Gewichte müssen nach Erfahrungswerten so weit reduziert werden, daß ein Einzelgewicht, in Mitte Lagerentfernung angebracht, die gleiche Durchbiegung hervorruft wie das wirkliche Gewicht der über die Welle verteilt sitzenden Radkörper.

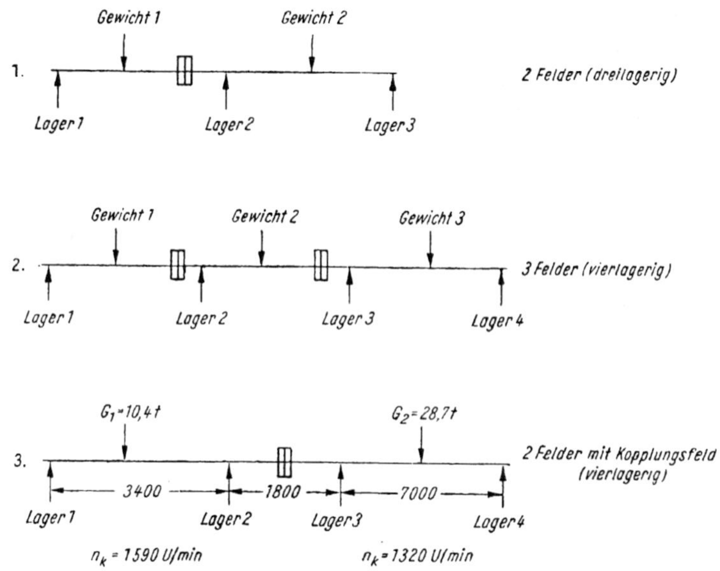

Abb. 1. Grundformen der Anordnung von Turboanlagen.

In einem Beispiel, durch das die vorstehenden Angaben untermauert werden sollen und für das die zahlenmäßigen Angaben in Abb. 1.3 eingetragen sind, ergibt sich für die Turbine eine kritische Einzeldrehzahl von $n_k = 1590$ U/min und für den Generator von $n_k = 1320$ U/min, Tabelle 1. Die nach dem zuvor geschilderten Verfahren berechneten kritischen Kopplungszahlen unter Berücksichtigung der Masse des Kopplungsfeldes zwischen Turbine und Induktor (also Dreifelderanordnung) ergeben sich zu $n_1 = 1420$ U/min, $n_2 = 2010$ U/min und $n_3 = 15100$ U/min. Durch eine kleine Kontrollrechnung

Tabelle 1

Zusammenstellung der Ergebnisse von kritischen Kopplungszahlen. Ein Beispiel, gerechnet nach verschiedenen Verfahren

Verfahren	Kritische Kopplungszahlen			Bemerkungen
	n_1 U/min	n_2 U/min	n_3 U/min	
SCHWERIN	1420	2010	15100	starre Lagerung
SCHWERIN	1410	2020	—	starre Lagerung
MLUDEK	1370	2010	3900	starre Lagerung
MLUDEK	1130	1640	2910	nachgiebige Lagerung
Messung	1280	1650	2910	nachgiebige Lagerung

kann man sich leicht davon überzeugen, daß die erste Kopplungszahl vom Induktor, die zweite von der Turbine und die dritte vom Kopplungsfeld beeinflußt wird. Bei einem Betrieb mit 3000 U/min werden nur die beiden ersten kritischen Kopplungszahlen durchfahren, bei ihnen ist beim An- und Abfahren eine Resonanz vorhanden. Die dritte Kopplungszahl liegt so weit über der Betriebsdrehzahl, daß sie gänzlich uninteressant ist und ihre Berechnung als überflüssig angesehen wird. Man begeht so gut wie gar keinen Fehler, wenn man das Kopplungsfeld als masselos ansieht. Die Rechnung vereinfacht sich dadurch erheblich, da sich dann wie bei dem Fall 1.1 auch nur eine quadratische Schlußgleichung mit zwei Kopplungszahlen ergibt, die bei $n_1 = 1410$ U/min und $n_2 = 2020$ U/min liegen. Die Abweichungen sind so gering, daß sich dafür der größere Rechenaufwand nicht lohnt, zumal die Rechen- und Meßgenauigkeit gar nicht so groß ist, um derart kleine Unterschiede festzustellen.

Die so ermittelten Kopplungszahlen sind entsprechend den Grundschwingungen der einzelnen Felder nur Grundkopplungszahlen. Oberschwingungen werden mit dieser Rechnung nicht erfaßt.

3.1.2. GRENZEN DES VERFAHRENS

Bei der großen Anzahl der zu machenden Annahmen sind jedoch dem Verfahren von SCHWERIN gewisse Grenzen gesetzt, sofern man nicht zu große Abweichungen zwischen Rechnung und Messung in Kauf nehmen will. Derartige Abweichungen treten jedoch nur bei großen Anlagen auf, bei denen die für dieses Verfahren notwendigen Vereinfachungen größeren Einfluß ausüben. Kleinere Anlagen können ohne weiteres nach dem SCHWERINschen Verfahren mit Erfolg und vor allen Dingen mit verhältnismäßig geringem Aufwand nach wie vor behandelt werden.

Zu den nachteiligen Vereinfachungen zählen:

1. In die Kopplungsrechnung ist ein gleichmäßig durchgehendes Trägheitsmoment eingesetzt. In dem Beispiel unter 3.1.1. beträgt das mittlere Trägheitsmoment der Turbine 88350 cm^4 entsprechend einem mittleren Durchmesser von 370 mm, während der Wellendurchmesser am Lager, also gerade an der kritischsten Stelle, nur 355 mm beträgt. Je mehr sich der mittlere Durchmesser dem Durchmesser der Welle in der Auflagerung nähert, um so genauer wird die Rechnung, je größer jedoch die Durchmesserunterschiede sind, was insbesondere bei Trommelturbinen (auch geschweißten Läufern) der Fall ist, um so ungenauer und unzuverlässiger werden die nach SCHWERIN errechneten kritischen Kopplungszahlen.

2. Anstelle der über die Welle verteilt sitzenden Gewichte ist der Rechnung ein in der Mitte zwischen den Lagern sitzendes Einzelgewicht als reduziertes Gewicht eingesetzt. Da es sich dabei trotz Erfahrung doch mehr oder weniger um eine Schätzung handelt, ist auch dies als Unsicherheit zu werten.

3. Bei Anordnung über vier Felder steigert sich der Rechenaufwand erheblich, wobei der Grad der Genauigkeit ständig sinkt. Geht man dabei noch zu dem schrittweisen Berechnen der Kopplungszahlen über, um wenigstens durch gewisse Vereinfachungen noch auf einen erträglichen Rechenaufwand zu kommen, so erhält man für das gleiche Feld mehrere unterschiedliche Kopplungszahlen, aus denen die wirklichen Kopplungszahlen nur mit großer Unsicherheit entnommen werden können.

MLUDEK [4] hat nachgewiesen, daß durch die zuvor angeführten Annahmen Unterschiede in den Kopplungszahlen bis zu 10% gegenüber den im Betrieb gemessenen Werten auftreten können. Das dürfte insbesondere in den Fällen unzulässig sein, in denen eine Kopplungszahl verhältnismäßig nahe an der Betriebsdrehzahl liegt, da durch derartige Abweichungen Resonanzgefahr besteht.

Für einfachere Fälle ist zur Verringerung des Rechenaufwandes auch hierfür von MLUDEK eine nomografische Lösungsmethode entwickelt worden [2].

3.2 DAS RECHNERISCHE VERFAHREN NACH MLUDEK

3.2.1. BEI STARRER LAGERUNG

Um die dem SCHWERINschen Verfahren anhaftenden Mängel bei der Berechnung kritischer Kopplungszahlen zu vermeiden, entwickelte MLUDEK [2] ein rechnerisches Verfahren, das sich an das Verfahren von HOLZER zum Berechnen von Drehschwingungen

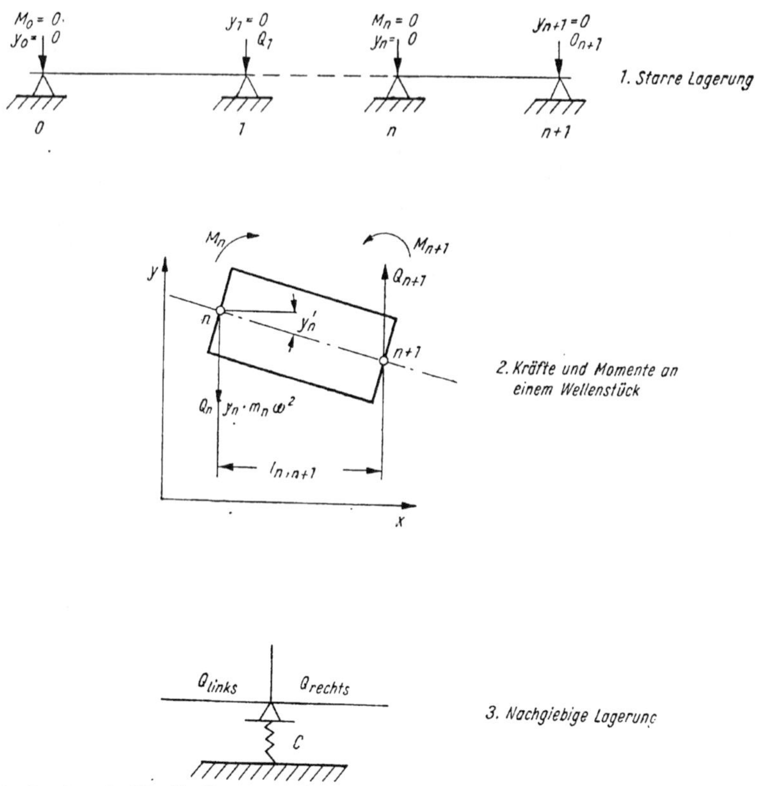

Abb. 2. Ansatz für die Programmierung zur Berechnung kritischer Kopplungszahlen.

anlehnt. Es wird der gesamte Wellenstrang in eine möglichst große Anzahl von Abschnitten eingeteilt, für die jeweils die Biegeschwingzahl ermittelt wird. Bei dem sich daraus ergebenden großen Rechenaufwand läßt sich die Arbeit nur noch mit Hilfe eines elektronischen Rechenautomaten bewältigen. Dementsprechend wird auch der Ansatz unter Verwendung der Angaben nach Abb. 2.2 vorgenommen, und zwar wurde die mathematische Form für die gerade zur Verfügung stehende Rechenanlage „Oprema" gemacht.

Die Gleichgewichtsbedingungen lauten

$$Q_{n+1} = Q_n + y_n \cdot m_n \cdot \omega^2 ,$$
$$M_{n+1} = M_n + Q_{n+1} \cdot l_{n,\,n+1} .$$

Die Verschiebungsbedingungen lauten

$$y'_{n+1} = y'_n + \frac{M_{n+1} \cdot l_{n,\,n+1}}{(E \cdot I)_{n,\,n+1}} - \frac{Q_{n+1} \cdot l^2_{n,\,n+1}}{2\,(E \cdot I)_{n,\,n+1}} ,$$

$$y_{n+1} = y_n + l_{n.\,n+1}\, y'_n \, \frac{M_{n+1} \cdot l^2_{n,\,n+1}}{2\,(E \cdot I)_{n,\,n+1}} - \frac{Q_{n+1} \cdot l^3_{n,\,n+1}}{3\,(E \cdot I)_{n,\,n+1}} .$$

Die Randbedingungen lauten

$$y'_0 = 1 ,$$
$$Q_0 = Q_n \neq 0 ,$$
$$M_0 = M_n = 0 ,$$
$$y_0 = y_n = 0 .$$

Diese Ansätze werden für jeden Abschnitt des Wellenstranges aufgestellt, wobei man sich das Wellenstück an seinem linken Ende eingespannt vorstellen muß.

Abgesehen von dem höheren Grad der Genauigkeit und der größeren Zuverlässigkeit beträgt der Rechenaufwand für ein beliebig herausgegriffenes Beispiel 12,5 Stunden, sobald die Programmierung als Vorarbeit für die Rechenanlage durchgeführt ist, dagegen 10 Monate, wenn in der bisherigen klassischen Weise gerechnet worden wäre. Außerdem erlaubt das Rechnen auf dem Rechenautomaten auch das Berechnen der Oberschwingungen, für die der Ansatz praktisch der gleiche ist.

Das unter 3.1.1. angeführte Beispiel ergibt nach der Berechnung auf der „Oprema“ die Kopplungszahlen $n_1 = 1370$ U/min und $n_2 = 2010$ U/min, dazu die Oberschwingzahl $n_0 = 3900$ U/min. Man sieht, daß der Wert der ersten Kopplungszahl von dem nach Schwerin berechneten Wert um 40 U/min und der der zweiten nur um 10 U/min abweicht. Die angegebene Oberschwingzahl ist in keiner Weise identisch mit einer Kopplungszahl aus einer Dreifelderrechnung. Bisher wurden derartige Oberschwingungen nicht berechnet, obwohl die allerdings sehr umfangreiche Berechnungsmöglichkeit nach dem Verfahren von Ritz [5] dazu bestand. Da niemals Schwierigkeiten mit Oberschwingungen aufgetreten sind, hat man sich stets mit der Feststellung begnügt, daß nach den hier vorliegenden Gewichtsanordnungen die Oberschwingzahl etwa das Dreifache (Zietemann gibt das 2,8fache an) der niedrigsten kritischen Kopplungszahl betragen wird, also in unserem Beispiel etwa 4300 U/min. Diese Zahl lag so hoch über der Betriebsdrehzahl von 3000 U/min, daß man sich die umständliche Berechnung ersparte und die Oberschwingung nicht weiter beachtete. Die jetzt mit dem elektronischen Rechenautomaten gerechnete Oberschwingzahl liegt zwar etwas tiefer als die nach Literaturangaben geschätzte, aber immer noch weit genug von der Betriebsdrehzahl entfernt, so daß von dieser Seite aus keine Bedenken gegen die Lage der Oberschwingung erhoben werden konnten.

3.2.2. BEI NACHGIEBIGER LAGERUNG

Weder die Rechnung nach Schwerin noch die nach den bisherigen Ableitungen von Mludek berücksichtigten die Nachgiebigkeit der gesamten Lagerung [6]. Diese Nachgiebigkeit setzt sich zusammen aus mehreren Einzelwerten und, zwar:

1. Nachgiebigkeit des Ölfilmes sowie des Lagerspieles,
2. Nachgiebigkeit der Lagerschale,
3. Nachgiebigkeit des Lagerbockes bzw. des eingebauten Lagerstuhles,
4. Nachgiebigkeit des Turbinengehäuses, sofern es sich um ein Gehäuse mit einem eingebauten Lagerstuhl handelt,
5. Nachgiebigkeit der Grundplatten,
6. Nachgiebigkeit des Fundamentes bzw. des Fundamentriegels, des Fundamenttisches und der Fundamentsäulen.

Für die Rechnung ist lediglich die Nachgiebigkeit in vertikaler Richtung zu berücksichtigen.

Die Nachgiebigkeit des Ölfilmes ist gering, sie wirkt sich in einem anderen Sinne ungünstig aus, worauf unter 6. noch näher eingegangen wird. Die Lagerschale übt ebenfalls nur einen geringen Einfluß aus. Dagegen übt der Lagerbock und noch mehr das Turbinengehäuse (bei eingebautem Lagerstuhl) einen großen Einfluß auf die Nachgiebigkeit aus. Die Grundplatten sind von geringerer Bedeutung, während das Fundament nur dann einen größeren Einfluß ausübt, wenn es sich um ein tief abgestimmtes Stahlfundament handelt [6, 7, 8]. Die in der DDR bisher noch gebräuchlichen tief abgestimmten Stahlbetonfundamente lassen bis zu einem gewissen Grade die Vernachlässigung deren Nachgiebigkeit zu, so daß bei eingebauten Lagern am meisten die Nachgiebigkeit des Abdampfgehäuses, das im allgemeinen bei den Maschinen großer Leistung große Abmessungen und große Spannweiten hat, für die folgende Betrachtung interessiert.

Der Ansatz und die Randbedingungen bleiben die gleichen wie bei starrer Lagerung, es müssen jedoch andere Übergangsbedingungen angesetzt werden. Nach Abb. 2.3 ergibt sich für nachgiebige Lager für

$$y_n \cdot \cdot \cdot \cdot y_{n+1} = \frac{Q_{\text{links}} - Q_{\text{rechts}}}{c},$$

worin $1/c$ den Wert für die Nachgiebigkeit in cm/kp darstellt. Es kommt also hierbei darauf an, den c-Wert möglichst genau zu bestimmen, worauf unter 4.3. näher eingegangen wird. Bei dem hier behandelten Beispiel wurde durch Versuche die Federsteifigkeit als Kehrwert der Nachgiebigkeit (gußeisernes Abdampfgehäuse mit eingebauten Lagern) zu $c = 7.10^5$ kp/cm ermittelt.

Unter Verwendung dieses Wertes wurden die kritischen Kopplungszahlen mit Hilfe der „Oprema" errechnet zu

$$n_1 = 1130 \text{ U/min}, \; n_2 = 1640 \text{ U/min und } n_3 = 2910 \text{ U/min}.$$

Diese Werte weichen allerdings von den Werten für die starre Lagerung erheblich ab. Die erste Kopplungszahl liegt um 240 U/min, die zweite um 370 U/min und die dritte sogar um 990 U/min tiefer. Während die Abweichungen nach unten bei der ersten und zweiten Kopplungszahl trotz der an sich sehr niedrigen Lage zu keinem Bedenken weiter Anlaß geben, da keine Resonanzlage entstanden ist, ist jedoch die Abweichung der dritten Kopplungszahl, der Oberschwingung, sehr groß und bedenklich. Bedenklich deswegen, weil die bei starrer Lagerung als einwandfrei angesehene Kopplungszahl jetzt nahezu in Resonanz zur Betriebsdrehzahl liegt und damit zu betrieblichen Schwierigkeiten führen muß.

Die Folgerung aus dieser Feststellung ist, daß bei großen Turboaggregaten die Nachgiebigkeit der Lagerung in die Rechnung eingehen muß. Bei kleineren Maschinensätzen, bei denen auch mit der SCHWERINschen Näherungsmethode einigermaßen mit der Rechnung übereinstimmende Werte gemessen wurden, braucht das zwar sehr umfangreiche, aber genaue, eine elektronische Rechenanlage voraussetzende Rechenverfahren nicht unbedingt angewendet zu werden. Das gilt auch für solche Anlagen, bei denen die kritischen Einzeldrehzahlen verhältnismäßig hoch, etwa zwischen 1600 und 1800 U/min, liegen, da hier der erniedrigende Einfluß der Nachgiebigkeit der Lagerung sich nur im Gebiet reichlich oberhalb der Betriebsdrehzahl auswirkt und damit ohne Interesse ist. Trotzdem sollte man sich überlegen, ob es nicht besser wäre, die Annäherungsmethode auch in solchen Fällen zu verlassen und nur noch das genauere, wissenschaftlich exakt begründete Rechenverfahren unter Einsatz der elektronischen Rechenmaschine zu benutzen.

Bei Verwendung von Stahlfundamenten muß für die Schwingungsberechnung Maschine und Fundament als eine Einheit angesehen und die Nachgiebigkeit ausschließlich in die Säulen gelegt werden. Es ist also die Läufermasse als federnd gegen Lagerbock, Gehäuse und Fundamentträger abgestützt anzusehen, die ihrerseits wieder gegen die Grundplatte als federnd abgestützt anzusehen sind. Es handelt sich also hierbei um ein Zweimassen-Schwingsystem gegenüber den früheren Ansätzen als Einmassensystem. Es wurde übrigens mehrfach beobachtet [8], daß sich gerechnete kritische Drehzahlen im Betrieb ganz anders einstellen. Es trat ein Aufspalten in zwei kritische Drehzahlen ein, von denen die eine wesentlich tiefer und die andere etwas höher lag, als dem Rechenwert entsprach. Eine theoretische Erklärung für dieses Aufspalten konnte bislang noch nicht gegeben werden.

Verschiedentlich wurden auch umfangreiche Modellversuche durchgeführt, die die immer noch vorhandenen Probleme, die mit der Berechnung der kritischen Kopplungszahlen und deren Messungen zusammenhängen, aufklären sollen. Da aber auch hierbei Annahmen gemacht werden müssen, sind die Modellversuche nur bedingt von Wert, zumal auch die Übertragung von den Modelldurchmessern 15 bis 60 mm auf die wirklichen Durchmesser von 200 bis 500 mm nicht in allen Punkten eindeutig sein dürfte.

In letzter Zeit wurden auch theoretische Arbeiten über die Berechnung der kritischen Kopplungszahlen unter Berücksichtigung der Nachgiebigkeit von Lagern und Ölfilmen durchgeführt [9].

4. Das Messen der kritischen Kopplungszahlen

4.1. DIE MESSGERÄTE

Das Messen der kritischen Kopplungszahlen erfolgt an der Maschine während des An- und Abfahrens. Es wird dabei die Frequenz und die Amplitude gemessen, um den Laufzustand der Maschine auch im Resonanzgebiet beurteilen zu können.

Die *mechanisch arbeitenden Geräte,* wie z. B. die von Geiger und Askania, können verhältnismäßig einfach angesetzt werden. Die Schwingkurve wird bei geeigneter Übersetzung durch einen Schreibstift auf einen Papierstreifen aufgetragen, der hinsichtlich Frequenz und Amplitude sofort auswertbar ist. Außerdem kann die Schwingform verhältnismäßig genau beurteilt werden, so daß störende Einflüsse, die Abweichungen von der Sinusform hervorrufen, erkannt werden. Mechanische Instrumente, die auf dem Grundsatz der schwingenden Zungen aufgebaut sind (nach FRAHM), gestatten ein sofortiges Ablesen der Frequenz und der Amplitude, die Schwingform wird jedoch nicht angezeigt.

Leider ist die Empfindlichkeit der mechanischen Instrumente nicht immer ausreichend, außerdem setzen die Handinstrumente eine gewisse Geschicklichkeit des Messenden voraus. Diese Geräte werden bevorzugt für schnell durchzuführende, überschlägliche Messungen eingesetzt.

Werden jedoch genaue Messungen verlangt, wie sie insbesondere bei Typenerprobungen neuer großer Aggregate und bei besonderen Schwierigkeiten notwendig sind, dann müssen *elektrisch arbeitende Geräte* verwendet werden, deren Handhabung allerdings etwas schwieriger ist und gute Sachkenntnis voraussetzt. Es stehen dafür u. a. Geräte aus der Sowjetunion sowie von den Firmen Schenck und Phillips zur Verfügung. Auch in der DDR ist vom GAW Teltow ein derartiges Gerät mit einem Tauchspulengeber entwickelt worden.

Diese elektrisch arbeitenden Geräte bestehen meist aus einem Kathodenstrahloszillographen, einem Anzeigegerät für die Frequenz, einem Phasenmesser, einem Phasengeber und zwei Schwinggebern. Diese Geräte sind verwendbar für das Messen der Wegamplitude, der Schwinggeschwindigkeit und der Schwingbeschleunigung sowie der Schwingfrequenz, wobei die Schwingform auf dem Bildschirm beobachtet werden kann. Der Phasenwinkel zwischen Schwing- und Drehfrequenz kann ebenfalls gemessen werden, so daß diese Geräte auch für das Auswuchten einsatzfähig sind.

Im allgemeinen kommt man mit Rücksicht auf Getriebeturbinen mit einer höchsten zu messenden Frequenz von 200 Hz aus. Für den Meßbereich der Einfachamplitude erscheinen 500 μ als obere Grenze ausreichend, wenn eine Ablesegenauigkeit von etwa 1 μ gesichert ist. Bei den elektrodynamischen Schwinggebern muß die Eigenfrequenz verhältnismäßig niedrig liegen, etwa zwischen 5 und 10 Hz.

Das Messen der Laufunruhe erfolgt bevorzugt in vertikaler Richtung, weil hierbei im Hinblick auf die Nachgiebigkeit der Lagerung und des gesamten Aufbaues insbesondere bei tief abgestimmten Fundamenten, die meisten Aufschlüsse über das Verhalten des Maschinensatzes zu erhalten sind. Selbstverständlich können und werden auch die Meßergebnisse in axialer und horizontaler Richtung zum Vergleich und zur Beurteilung herangezogen.

Elektrisch arbeitende Geräte werden darüberhinaus noch zur ständigen Beobachtung des Laufzustandes der Maschine verwendet, also nicht allein zum Messen und genauen Festlegen der Resonanzgebiete. Dabei werden die Schwinggeber fest auf die Lager aufgebaut, meist in horizontaler und vertikaler Richtung. Die Schwingergebnisse werden auf die Meßgeräte, die zweckmäßigerweise in einem besonderen Pult vereinigt sind, übertragen und registriert. Bei Abweichungen von dem Laufzustand wird ein Signal gegeben. Das unmittelbare Einwirken auf den Schnellschluß der Maschine erscheint nicht zweckmäßig. Die so erfolgende Überwachung eines Maschinensatzes läßt eintretende Fehler schnell erkennen und bei sofortigem Eingreifen größeres Unheil vermeiden. Ohne eine derartige Überwachungseinrichtung sollte ein größerer Turbosatz heute nicht mehr in Betrieb genommen werden.

Es sind in letzter Zeit auch Vorschläge gemacht worden, das An- und Abfahren der Maschinensätze sowie das Überwachen im Betriebszustand auf akustischem Wege (Körperschallmessungen) über Mikrofone vorzunehmen, ähnlich wie dies bereits zum Messen von Schaufelschwingungen durchgeführt wurde. Gegebenenfalls können derartige akustische Messungen auf ein Tonband übertragen werden, so daß die Auswertung zum Bestimmen von Resonanzstellen zu beliebiger Zeit und am beliebigen Ort durchgeführt werden kann.

4.2. DIE ERGEBNISSE DER SCHWINGUNGSMESSUNG

Während des An- und Abfahrens werden mit einem der zuvor geschilderten Meßgeräte die Amplituden in Abhängigkeit von der Drehfrequenz gemessen. Dabei ergibt sich im weiteren Verfolg des gleichen Beispieles die Kurve nach Abb. 3, wobei als besonders kritisch wegen seines gesamten Aufbaues das vordere Induktorlager, also nach Abb. 1 das Lager 3, beobachtet wurde. Daraus ergeben sich die kritischen Kopplungszahlen zu

$$n_1 = 1280 \text{ U/min}, \; n_2 = 1650 \text{ U/min und } n_3 = 2910 \text{ U/min}.$$

Während die Werte für n_2 und n_3 genau mit den Werten der „Oprema"-Rechnung mit nachgiebiger Lagerung übereinstimmen, treten bei n_1 Abweichungen von 150 U/min auf. Es stellt sich damit etwa ein Mittelwert zu den beiden „Oprema"-Berechnungen mit

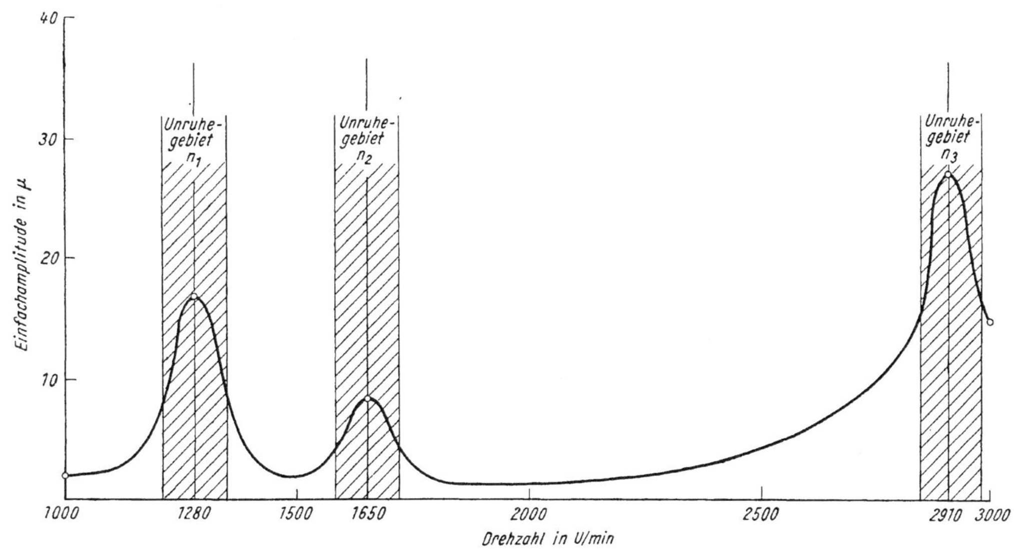

Abb. 3. Schwingausschläge in vertikaler Richtung am Lager 3 eines vierfach gelagerten Turbosatzes (ND-Teil) von 50 MW beim Hochfahren.

starrer und mit nachgiebiger Lagerung ein. Da dieser Wert nicht von besonderem Interesse für die Gesamtbeurteilung war, wurde die Ursache der Abweichung nicht näher untersucht. Die Messung hat immerhin gezeigt, daß der für die Nachgiebigkeit der Lagerung vorausgesetzte Wert in diesem Falle zutraf und daß tatsächlich eine Resonanzlage vorhanden war (vgl. Tabelle 1).

Die Messung der kritischen Kopplungszahlen bringt bei sonst einwandfreien Meßgeräten die Schwingwerte, die alle Einflüsse berücksichtigt, die bei der Vorausberechnung oft noch nicht im vollen Umfang bekannt sind. Die erforderliche Korrektur für die endgültige Nachrechnung kann damit vorgenommen und genauere Werte für kommende Vorausberechnungen eingesetzt werden.

4.3. DAS BESTIMMEN DER NACHGIEBIGKEIT DER LAGERUNG

Unter 3.2.2. wurde bereits erwähnt, daß die vorherige rechnerische Ermittlung der Werte für die Nachgiebigkeit gänzlich ausgeschlossen ist, daß vielmehr nur der experimentelle Weg beschritten werden kann. Das kann auf verschiedene Arten geschehen, und zwar:

4.3.1. DURCH MESSEN AM AUSGEFÜHRTEN ABDAMPFGEHÄUSE

Das setzt voraus, daß in Fortsetzung des bisherigen Beispieles die Lager in das Gehäuse eingebaut sind. Durch eine geeignete Erregung läßt sich die Schwingbewegung des Gehäuses bestimmen und daraus als reziproker Wert der Nachgiebigkeit die Federsteifigkeit ermitteln.

Ein vom VEB Bergmann-Borsig entwickeltes Erregergerät arbeitet mit zwei gegenläufigen Massen, deren Exzentrizität nach Bedarf in 10 Stufen verstellt werden kann. Das Moment des Gerätes ist aus der umlaufenden Masse mal der eingestellten Exzentrizität in cmkp bekannt. Die Drehzahl der umlaufenden Massen ist durch einen Gleichstrommotor im Bereich bis 50 Hz stufenlos regelbar. Durch Feldschwächung kann auch noch bis 60 Hz heraufgegangen werden. Die resultierende Kraft wird dann aus dem Moment des Gerätes und der jeweiligen Winkelgeschwindigkeit, also $K_{res} = 2\, m\, e\, \omega^2$, bestimmt, wobei zu beachten ist, daß zwei umlaufende Massen vorhanden sind. Gleichzeitig wird mit einem Schwingmeßgerät die Einfachamplitude a des zu untersuchenden Teiles gemessen. Der Wert für die Nachgiebigkeit ergibt sich dann zu

$$\frac{1}{c} = \frac{a}{K_{res}} \text{ cm/kp}$$

(als Kehrwert die Federsteifigkeit c in kp/cm).

Durch entsprechendes Ansetzen des Schwingmeßgerätes kann die Amplitude für jede der unter 3.2.2. angeführten Einzelwerte gemessen und damit der Wert für die einzelnen Nachgiebigkeiten errechnet werden. Die Summe der einzelnen Nachgiebigkeitswerte ergibt dann als Kehrwert die gesamte Federsteifigkeit. Die Messungen sind für die Einzelwerte (s. 3.2.2.) 2 bis 6 einfach durchzuführen. Hierbei wird das Gerät bei noch nicht in die Lager eingelegten Läufer aufgesetzt. Die Messung kann auch im Fertigungswerk durchgeführt werden, wobei lediglich darauf zu achten ist, daß die Auflagerung des Gehäuses mit der späteren Auflagerung im Kraftwerk übereinstimmt. Noch besser ist es, die Messungen im Kraftwerk während der Montage vorzunehmen, damit die gegebenenfalls vorhandenen Einflüsse des Fundamentes mitgemessen werden können.

Werden ungünstig liegende Werte für die Nachgiebigkeit festgestellt, so können noch nachträglich an dem Gehäuse Änderungen durch geeignete Einbauten vorgenommen werden, da es sich bei den großen modernen Abdampfgehäusen meist um geschweißte Ausführungen handelt. Kommt es aber doch mal vor, daß eine derartige Feststellung an einem gußeisernen Abdampfgehäuse gemacht wird, dann wird die Sache allerdings erheblich schwieriger. Änderungen sind kaum durchführbar, so daß der Einbau eines anderen, vielleicht sogar geschweißten Gehäuses vorgenommen werden muß. Der einzuschlagende Weg ist von Fall zu Fall je nach der Lage des Wertes für die Nachgiebigkeit und seines Einflusses auf die kritische Kopplungszahl zu entscheiden.

Handelt es sich jedoch um einen Maschinensatz, der auf einem verhältnismäßig tief abgestimmten Stahlfundament steht, dann ist der Einfluß des Fundamentes einschließlich Fundamentsäulen auf die Höhe des c-Wertes sehr groß. In einem solchen Falle ist die Turbine unbedingt mit dem Fundament als Ganzes meßtechnisch zu untersuchen. Änderungen zum Verstimmen sind jedoch bei solchen Anlagen kein Problem, da sich Stahlfundamente durch einfache Schweißarbeiten leicht verändern lassen, worauf in der Literatur mehrfach hingewiesen wurde.

Dem Messen des Einzelwertes für die Nachgiebigkeit des Ölfilmes stehen auch einige Schwierigkeiten entgegen. Will man den Einfluß dieser Nachgiebigkeit durch den exzentrischen Erreger ermitteln, so muß die Turbinenwelle in die Lager eingelegt und die

Welle selber, die im Betrieb den Erreger darstellt, durch das Gerät erregt werden. Die Turbinenwelle führt dabei aufgezwungen Bewegungen durch, die von sich aus schon das gesamte Ergebnis fälschen können. Außerdem bildet sich trotz Zufuhr von Öl nicht der im Betrieb vorhandene Ölfilm aus, da die Welle nicht umläuft. Inwieweit dabei das für das Anheben der Welle zum Einleiten des Turnens in die Lager zu gebende Drucköl diese Schwierigkeit umgehen läßt, ist noch durch Versuche zu ermitteln. Es ist demnach zweckmäßiger, die Messung an der fertigen, umlaufenden Maschine vorzunehmen, wobei die gesamte Nachgiebigkeit ermittelt wird. Durch Subtraktion der zuvor gemessenen Teilwerte der Nachgiebigkeit kann dann der Wert für die Nachgiebigkeit des Ölfilmes errechnet werden. Sofern die mit diesem Wert errechneten kritischen Kopplungszahlen einschließlich Oberschwingzahlen weit genug von der Betriebsdrehzahl entfernt liegen und keine Bedenken bestehen, daß durch eine geringe Verlagerung infolge Veränderung der Nachgiebigkeit eine Resonanzlage herbeigeführt wird, kann man sich jedoch mit dem teilweisen Bestimmen des Wertes zufrieden geben.

Es kommt noch eine weitere Unsicherheit hinzu. Eine an einem gußeisernen Gehäuse in der zuvor erwähnten Art gemessene Federsteifigkeit muß nicht immer an einem anderen nach der gleichen Zeichnung hergestellten Gehäuse das gleiche Ergebnis bringen. Das meist unterschiedliche Ausfallen der Wandstärken beeinflußt die Nachgiebigkeit sehr stark, so daß man bei gußeisernen Gehäusen jede Ausführung für sich messen muß. Bei geschweißten Gehäusen treten Abweichungen dieser Art nicht auf, so daß eine einmal durchgeführte Messung auch für alle nachfolgenden Ausführungen gilt.

4.3.2. DURCH MESSEN AM MODELLGEHÄUSE

Bei großen und kostspieligen Neuentwicklungen wird häufig ein Modell des Abdampfgehäuses in einem kleineren Maßstab hergestellt und der Wert für die Nachgiebigkeit daran bestimmt. Um Änderungen schnell und leicht durchführen zu können, werden Modelle aus Plexiglas verwendet. Allerdings wird auch damit nicht der genaue Wert ermittelt, da auch hier die anderen Einflüsse fehlen. Der Fertigungsaufwand für ein derartiges Modell und für die Versuche, die in der gleichen Weise nie am fertigen Stück durchgeführt werden, ist sehr groß. Man erhält jedoch immerhin einige Konstruktionsrichtlinien, die für eine Neuentwicklung von Wert sind, so daß spätere Änderungen nur noch gering sein dürften. Bei Einschlagen dieses Weges geht die Konstruktion und Berechnung ein geringes Risiko ein, zumal auch während der Versuche die strömungstechnischen Belange eindeutig berücksichtigt werden können.

Das Konstruktionsrisiko ist allerdings nur dann gering, wenn das so untersuchte Gehäusemodell in der späteren Ausführung auf ein hoch abgestimmtes Stahlbetonfundament gesetzt wird. Beim Verwenden von sehr tief abgestimmten Stahlbetonfundamenten, insbesondere von Stahlfundamenten, haben derartige Modelluntersuchungen keinen Zweck, wenn der sehr große Einfluß des Fundamentes nicht gleichzeitig mit untersucht wird.

4.3.3. DURCH MESSEN DER KRITISCHEN KOPPLUNGSZAHLEN AN DER FERTIGEN MASCHINE

Nur auf diesem Weg ist die genaue Bestimmung der Federsteifigkeit möglich. Der Wert errechnet sich in der gleichen Weise wie zuvor mit dem Erregungsgerät angegeben, wobei lediglich der umlaufende Läufer den Erreger darstellt. Trotz seiner großen Genauigkeit, wobei alle Einflüsse berücksichtigt werden, haftet diesem Verfahren ein großer Nachteil an, nämlich der, daß die endgültigen Ergebnisse erst nach Fertigstellen der Maschine vorliegen, so daß alle Änderungen nachträglich vorzunehmen sind.

4.3.4. SCHLUSSFOLGERUNGEN

Von den drei hier aufgezeigten Wegen für die Ermittlung der Nachgiebigkeit wird man weder den einen noch den anderen eindeutig vorziehen können. Man wird das Verfahren 1 oder 2 zur vorläufigen Bestimmung verwenden und das Verfahren 3 zum Ausgleich aufgetretener Differenzen. Handelt es sich dabei noch um eine Typenerprobung, dann ist die durch Messung 3 vorzunehmende Änderung ohnedies nur ein einziges Mal vorzunehmen, während die Vielzahl der anschließend zu bauenden Maschinen gleich die schwingungstechnisch richtige Ausführung erhält.

Die Schlußfolgerung aus allen diesen Überlegungen geht dahin, daß man die Lagerung möglichst nicht in das Abdampfgehäuse einbauen sollte. Trennt man Gehäuse und Lagerung, dann wird das Gehäuse bei seinen großen Spannweiten nicht mehr zusätzlich statisch und dynamisch belastet und die Lager stehen auf der Tischplatte, die eine eindeutig bestimmbare Nachgiebigkeit besitzt.

5. Allgemeine Beurteilung der Meßwerte für den Laufzustand

In den bisherigen Ausführungen ist immer nur von der Frequenz gesprochen worden. Um diese Frequenzen messen zu können, ist eine gewisse Größe der Amplitude erforderlich, bei der es wesentlich ist, an welcher Stelle des Maschinensatzes sie gemessen wird. Weiterhin ist es wichtig zu wissen, welche Amplituden bei der Betriebsdrehzahl und beim Durchfahren der kritischen Kopplungszahlen als zulässig angesehen werden können. Es ist infolgedessen notwendig, auch auf dieses Gebiet kurz einzugehen und die Werte, die mit den Schwingmeßgeräten gemessen wurden, einer gewissen Einschätzung zu unterziehen.

Zur Vervollkommnung des Schwingungsbildes werden neben den bisher der Betrachtung zugrundegelegten vertikalen Werten auch die Bewegungen in horizontaler und axialer Richtung herangezogen.

Zunächst gilt ganz allgemein, daß die Unruhewerte bei der üblichen Art des Messens keinesfalls Werte sind, die der Schwingbewegung der Welle entsprechen, sondern nur der des Lagers. Die Schwinggeber werden durchweg auf die Lager gestellt, wobei die Bewegungen in den drei Schwingungsrichtungen gemessen werden. Die Bewegung der Welle wird also über das Lagerspiel und den Ölfilm auf die Lagerschale und damit dem Lagerbügel übertragen. Der Lagerbügel, der mit Lagerbock bzw. mit dem eingebauten Lagerstuhl fest verschraubt ist, überträgt die Bewegung auf den Lagerkörper, wo sie vom Schwinggeber aufgenommen wird.

Um die wirkliche Bewegung der Welle zu messen, dürfte nur unmittelbar an der Welle gemessen werden. Die Möglichkeit dazu besteht ohne weiteres mit den bereits erwähnten Schwinggebern, aber auch durch elektrisches Messen der Spaltveränderungen, sofern der ausreichende Platz zum unmittelbaren Ansetzen der Geräte an freien Wellenstücken in der Nähe der Lager vorhanden ist. Bei Neukonstruktionen kann auf eine solche Forderung ohne weiteres Rücksicht genommen werden. Bei einwandfreien Fertigungs- und Auswuchtmöglichkeiten sollte der gleiche Maßstab angelegt werden, wie er beim Messen der Laufruhe auf den Lagerkörpern angelegt wird. Auf die Körperschallmessungen mit Hilfe kleiner Mikrofone wurde bereits hingewiesen.

Tabelle 2

Zulässige Schwingwerte bei 3000 U/min in vertikaler Richtung

	Einfachamplitude bei Vollast u. 3000 U/min			Bemerkung
	μ gut	Ausgleich notwendig μ	Betrieb unzulässig μ	
GOST	bis 20	—	—	hoch abgestimmtes Fundament
DDR	bis 30	30 bis 45	45	hoch abgestimmtes Fundament
Prof. FEDERN	bis 20	20 bis 50	50	hoch abgestimmtes Fundament
	bis 31,5	31,5 bis 80	80	tief abgestimmtes Fundament
Anmerkung: GOST läßt für Leerlauf mit unerregtem Induktor 30 μ zu.				

Bisher bestehen verschiedene Richtlinien für die zulässigen Unruhewerte, Tabelle 2, und zwar:

1. Nach GOST 5908—51.
2. Nach den Regeln der technischen Betriebsführung Nr. 4633, Bl. 3.
3. Nach dem Vorschlag von Professor FEDERN in der VDI-Fachgruppe Schwingungstechnik, Entwurf vom Oktober 1957, Abb. 4. Hierbei wird noch ein Unterschied gemacht, ob der betreffende Maschinensatz auf einem hoch- oder tiefabgestimmten Fundament läuft. Diesem Vorschlag liegt das Diagramm von RATHBONE zugrunde, der auch angibt, daß die horizontalen Ausschläge doppelt so groß sein können wie die vertikalen und die Schwingungen auf der Welle gemessen die dreifachen Werte der Lagerschwingungen annehmen können, was jedoch nicht anerkannt werden sollte.

Für die unmittelbaren Vergleiche der Schwingwerte wurde durchweg die Einfachamplitude a verwendet. Es wird nicht zu umgehen sein, daß allgemein gültige einheitliche Regeln über die zulässige Laufruhe aufgestellt werden, ähnlich wie dies bei den Druck- und Temperaturstufen international bereits der Fall ist.

Die Festlegung, welche Unruhewerte für das unmittelbare Messen auf der Welle gelten sollen, sind schwierig. Man sollte nur von den Schwingwerten der Wellen ausgehen und dafür, entgegen den Angaben von RATHBONE, von einer gewissen Übergangszeit abgesehen, keine größeren Werte, als bisher bei dem Messen auf dem Lager zulassen, was allerdings höchste Anforderungen an die Auswuchttechnik stellt. In dieser Richtung müssen noch internationale Festlegungen getroffen werden.

Bei dem Durchfahren der kritischen Kopplungszahlen werden von verschiedenen Seiten auch begrenzte Ausschläge gefordert. Man findet in der Literatur Angaben über Grenzwerte, die das 5fache der zulässigen Normalausschläge betragen, jedoch keinesfalls

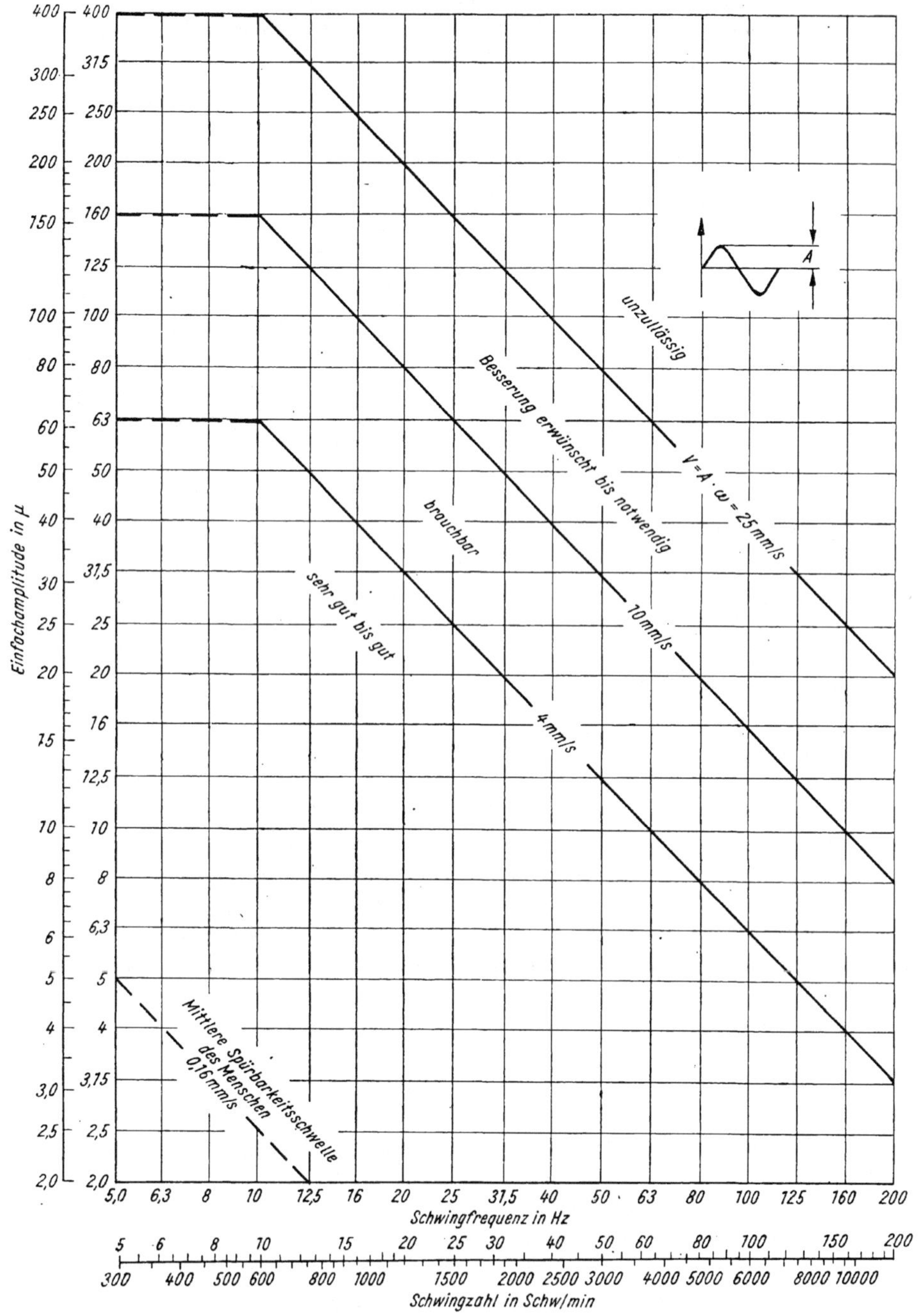

Abb. 4. Beurteilungsgrenzen der Schwinggüte von Turbomaschinen auf tief abgestimmten Fundamenten nach FEDERN (in vertikaler Richtung).

größere, als dem Lagerspiel entspricht. Die Höhe der Frequenz spielt jedoch hierbei eine große Rolle, so daß eine derartige Festlegung anfechtbar ist. Da üblicherweise die Gebiete der kritischen Kopplungszahlen schnell durchfahren werden, bilden sich größere Schwingungen gar nicht erst aus. Außerdem wird mit der zunehmenden Verbesserung der Auswuchttechnik die Unruhe in dem Gebiet der kritischen Kopplungszahlen ohnedies immer geringer, so daß sich besondere Festlegungen für das Gebiet der kritischen Kopplungszahlen erübrigen. An dieser Stelle ist der Hinweis angebracht, daß sehr gut ausgewuchtete Wellen auch im Gebiet der kritischen Drehzahlen ruhig laufen können. Das soll jedoch kein Freibrief für den Konstrukteur sein, keine Rücksicht mehr auf die Lage der kritischen Kopplungszahlen zu nehmen! Im übrigen gibt es in der Literatur Hinweise [8], wonach es bei sehr tief abgestimmten Fundamenten, also Stahlfundamente, keine Rolle spielt, wenn die Eigenschwingzahlen der Turbine mit denen des Fundamentes zusammenfallen!

6. Die Ölfilmresonanz mit der kritischen Kopplungszahl

Wenn auch die in besonderen Fällen beobachtete Ölschwingung mit dem hier behandelten Thema unmittelbar nichts zu tun hat, so soll doch der Vollständigkeit halber ein kurzer Hinweis darauf gegeben werden, daß das Schwingen einer Welle in der kritischen Kopplungszahl durch Ölfilmresonanz angeregt werden kann. Birke und Winkler [10]

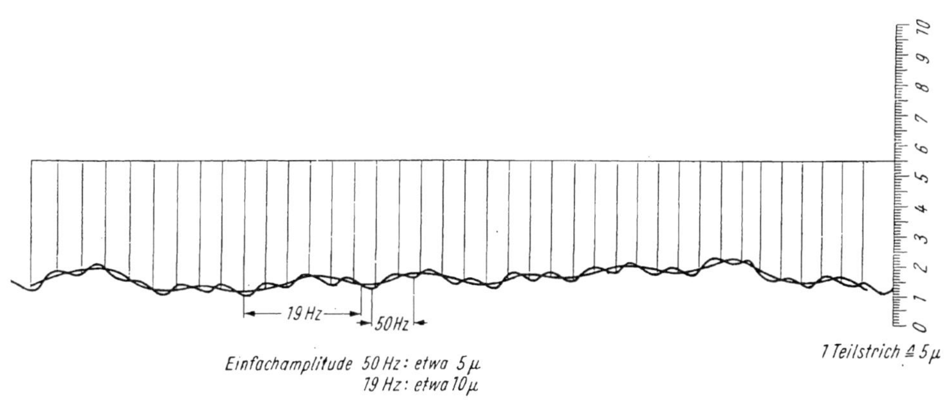

Abb. 5. Niederfrequente Schwingung, hervorgerufen durch Ölfilmresonanz.

haben sich mit diesem z. Z. in der ganzen Welt behandelten Thema befaßt. Unter besonderen Bedingungen, wie große Durchmesser, ungünstiges Verhältnis von Scheitel- zum Seitenspiel bei zitronenförmigen Lagerschalen entsteht etwa von dem 1,5fachen der kritischen Drehzahl an eine Ölfilmresonanz. Dabei schwingt die Welle von dieser Drehzahl an bis zur Betriebsdrehzahl etwa mit der Frequenz der kritischen Einzel- bzw. Kopplungsdrehzahl. Ein Beispiel dazu zeigt Abb. 5. Hier ist der Umlauffrequenz von 50 Hz noch die niederfrequente Schwingung von 19 Hz unterlagert.

Beseitigt werden derartige Erregungen durch Veränderung der Spiele, wobei etwa für das Scheitelspiel $1^0/_{00}$ und für das Seitenspiel $2{,}5^0/_{00}$ des Durchmessers zugrundegelegt werden. In besonders hartnäckigen Fällen wird der Umschlingungsbogen des Wellenschenkels durch Freischaben der Lagerschale verändert. Wenn es auch möglich ist, auf diese Art wieder einen stabilen Zustand zu erreichen, so treten doch beim Ausrichten große Schwierigkeiten auf, da die Welle durch derartige Lager nicht genau genug fixiert ist.

Mit Sicherheit wird ein stabiler Laufzustand, also ohne Ölfilmresonanz, bei Drei- und Mehrflächenlagern erreicht. Fast gleichzeitig haben Birke und Winkler [10] und Ott [11] die theoretischen Grundlagen für ein derartiges stabiles Lager entwickelt. Der praktische Versuch bestätigte die Richtigkeit dieser Angaben. Die Versuche werden jedoch noch fortgesetzt, da die Laufunruhe bei dem Versuchslager größer war als zuvor bei dem Zweiflächenlager. Offenbar sind die dämpfenden Eigenschaften eines mindestens Dreiflächenlagers geringer, sofern keine mechanischen Fehler vorliegen, so daß die Welle in einen ausgezeichneten Wuchtzustand versetzt werden muß, um jeden zusätzlichen Impuls zu vermeiden. In einem Drei- und Mehrflächenlager läßt sich jedoch eine Welle wesentlich eindeutiger ausrichten als bei dem sehr freigeschabten Zweiflächenlager. Nach Ansicht des Verfassers gehört die Zukunft den Drei- und Mehrflächenlagern, wobei man sich durch anfängliche Schwierigkeiten, die nicht durch das Lager selber bedingt sind, nicht zu Trugschlüssen verleiten lassen darf. Die Grenze liegt nach Feststellungen in der DDR bei 355 mm und nach Meinung von Experten aus der Sowjetunion bei 420 mm Durchmesser.

7. Zusammenfassung

In den vorstehenden Ausführungen wurden die verschiedenen Verfahren zum Berechnen der kritischen Kopplungszahlen abschätzend gegenübergestellt. Es zeigt sich, daß bei den großen viellagrigen und vielfeldrigen Turbosätzen in der bisherigen Art nicht mehr gerechnet werden darf, daß vielmehr die Nachgiebigkeit der Lagerung in die Berechnung eingehen muß, wobei die durch das analytische Verfahren nach Mludek notwendige große Rechenaufgabe nur mit Hilfe einer elektronischen Rechenmaschine gelöst werden kann. Auf die Schwierigkeiten und die Unsicherheiten in dem Bestimmen der Werte für die Nachgiebigkeit der Lagerung wurde hingewiesen und die Wege angegeben, wie man zu brauchbaren Ergebnissen kommt. Die dabei vorhandenen Unsicherheiten werden erörtert. Gleichzeitig wurde der Betrachtung über die Frequenz noch ein Hinweis über die zulässigen Amplituden gegeben und über die Sonderfälle, die durch die Lagerschalen gegeben sind.

Es muß jedoch noch ein Wort zu dem alten und dem neuen Berechnungsverfahren für das Berechnen der kritischen Kopplungszahlen gesagt werden. Das alte, von Schwerin entwickelte Verfahren hat jahrzehnte lang allen Anforderungen genügt. Es wurde bereits im Jahre 1924 allgemein in den Turbinenbau eingeführt. Die mit ihm berechneten kritischen Kopplungszahlen wichen manchmal von den beim An- oder Abfahren gemessenen Werten bis zu 200 U/min ab. Die Unterschiede waren durchaus erklärlich durch die abweichenden Voraussetzungen, die bekanntlich für diese Rechnung zu machen sind, und durch größere Versteifungen, insbesondere der Induktoren damaliger Bauart. Da die kritischen Kopplungszahlen weit genug unter der Betriebsdrehzahl lagen, jedoch nicht so tief, daß Oberschwingungen in die Nähe der Betriebsdrehzahl durch die damals nicht bekannten Einflüsse der Nachgiebigkeit verlagert wurden, traten keinerlei Beanstandungen durch die angeführten Abweichungen auf. In der Literatur findet man infolgedessen auch keine Abhandlungen oder Hinweise auf ein neues Berechnungsverfahren.

Erst die Erkenntnisse, die nicht allein in der DDR — die DDR wurde durch die tatkräftige Hilfe einiger sowjetischer Kollegen schnell mit diesem neuen Verfahren bekannt gemacht — sondern auch in allen turbinenbauenden Ländern bei dem Bau großer Turbosätze etwa bis zum Jahre 1958 gesammelt wurden, gaben Anlaß, das neue Verfahren zu entwickeln, bei dem die elektronische Rechenmaschine Voraussetzung ist. Das SCHWERINsche Verfahren, das bis zu dieser Zeit durchaus berechtigt war, wird heute im allgemeinen durch das neue Verfahren abgelöst. Das SCHWERINsche Verfahren ist zwar als überholt, aber keinesfalls als falsch und unbrauchbar anzusehen. Man wird es für eine schnelle Überschlagsrechnung und auch für einfache Fälle immer wieder anwenden. Falsch wäre es allerdings, wenn nach diesen Ausführungen, die sich mit den alten und neuen Erkenntnissen auseinandersetzen, das SCHWERINsche Verfahren heute noch für die großen, vielgehäusigen Maschinen verwendet würde. Hierfür darf nur noch das die Nachgiebigkeit der Lagerung berücksichtigende Berechnungsverfahren angesetzt werden.

8. Literatur

[1] HÜBNER, E., Technische Schwingungslehre. Springer-Verlag, Berlin-Göttingen-Heidelberg 1957.

[2] MLUDEK, H., Nomografische Lösungsmethoden im Dampfturbinen- und Generatorenbau. Maschinenbautechnik **4** (1955) 158.

[3] HÜTTE, 2. Abschnitt: Technische Physik: III. Berechnung von Eigenschwingzahlen mechanischer Gebilde. 27. Aufl., Bd. I, S. 239.

[4] MLUDEK, H., Bestimmung der biegekritischen Drehzahlen größter Dampfturbinenanlagen. Maschinenbautechnik **6** (1957) 30.

[5] TRAENKLE, A., Berechnung kritischer Drehzahlen beliebiger Ordnung nach dem Verfahren von Ritz. Ing.-Arch. **1** (1930) 499.

[6] MARGUERRE, K., Kritische Drehzahlen und Fundamentabstimmung. BBC-Nachrichten Mai/August (1957) S. 112.

[7] SCHÄFF, K. u. K. H. KRIEB, Schwingungserscheinungen an Turbogeneratoren mit Stahlfundamenten. VDI-Z. **100** (1958) 173a; VDI-Z. **101** (1959) 55 u. 117.

[8] DIETZ, H., Zum tief abgestimmten Stahltisch für Turbomaschinen. Der Stahlbau **26** (1957) 65.

[9] KALMANS, V. JA., Berechnung der kritischen Kopplungszahlen eines mehrfach gelagerten Läufers mit Berücksichtigung der Lagerelastizität und des Ölfilmes. Energomasinostroenie **6** (1959) 933, 5, S. 8.

[10] WINKLER, H. u. W. BIRKE, Selbsterregte Gleitlagerschwingungen und ihre Verhütung durch moderne Lagerkonstruktion. Energietechnik **9** (1959) 405.

[11] OTT, H. H., Berechnung von Wellenlage und Reibung im Dreikeil-Traglager. BBC-Mitteilungen **46** (1959) 395.

FSC
www.fsc.org
MIX
Papier | Fördert gute Waldnutzung
FSC® C083411

Zeitfracht Medien GmbH
Ferdinand-Jühlke-Straße 7
99095 Erfurt, Deutschland
produktsicherheit@kolibri360.de